Design.est

最设计·小品 01

设计传奇

仓俣史朗的设计

〔日〕村下直 著　刘明波 译

山东画报出版社

前　言

　　说起仓俣史朗，可能很多人都没有印象，但是提及他设计的那张用铁网做成的大沙发椅子——叫做"月亮有多高"（How High The Moon），可能很多人都见过。

　　仓俣史朗，日本设计界的天才，上世纪 60 年代到 90 年代间，室内空间设计，家具设计领域中世界范围内杰出的设计师。

　　他的很多设计都是非常具有传奇性的。他不一味地追随欧美的设计理念，也不是偏执于注重日本的形态设计。令人感受到日本固有的文化及审美意思的独到的设计作品，让他获得了法国文化部的艺术活动勋章，从而在国际上得到了很高的评价和声誉。

　　仓俣史朗对日本设计界、对国际设计界都有相当强烈的冲击和深刻的影响，他的作品基本都有艺术品的特征，个性极强，因此很多博物馆都收藏了他的作品，比如巴黎装饰艺术博物馆、纽约现代艺术博物馆、日本的 Toyama 现代艺术博物馆等等，

　　本书是对仓俣史朗设计作品的评论和解析。读者可以从中深

刻领略到，仓俣史朗的作品非常巧妙，简单而不简陋，虽有后现代走向却不需要后现代的繁杂形式和色彩，有时候是单纯依靠结构而已，有时候则是空间胜于实体。他设计的作品和家具非常轻盈，似乎能漂浮在空气中与光线嬉戏。他使用了各种材料来让自己的作品摆脱重力作用：玻璃、铝、钢丝……

　　让我们一起来欣赏仓俣史朗的设计作品所带来的传奇感觉。

目　录

仓俣史朗的设计

设计传奇

01　月亮有多高

在造形这一行为中，不管是有意识还是无意识，人们都会敬爱音乐所具有的巨大的、伟大的影响力。这并不是因为迷恋音乐。而是因为音乐占有的拓扑学空间论的认识最吸引人。音乐和造形的关系是指，各有各的主题各有各的动机，并且最后都大力地推动了作为题名的创造性。

身为艺术家的音乐家、演奏家、作家、画家以及设计师同音乐的关系，是美学上的一大课题，人类有必要对此进行解答。

并且，如果音乐直接对造形作品展示了某个片段的话，相应地，我被吸引住了。

而且，就算能想到几个理由，属于我的证据也会在德勒兹和加塔利的间奏曲论中一下子被冲走的。不知是从什么时候开始感到自己的理论变得没有任何力量的，到现在还被拖拽着。自己依然处于没有赶上这个饶舌的理论的状态。

无论如何，在意象的黑暗中，为了到达自己的意象核心，像随口吟唱的音乐或者旋律一样的感觉，一定具有强烈的依赖价值。并且，音乐和造形，在某处给了容易害怕的自己以勇气，而仓俣的作品正是这样存在于音乐和造形里。

仓俣的"How High The Moon"，即便是在仓俣数量众多的椅子作品中，也具有鹤立鸡群般的崭新的想法，如何将其具体化，是支撑着仓俣的珍贵的、质朴的技术结晶。

仓俣的椅子主要以钢铁和丙烯酸为素材。拘泥于仓俣执著的素材，能将扩展金属做成椅子，这种想法简直就是天分使然。而且，这个椅子的形状是沙发。这个构思也表现在了他的素描中。

小猫趴在一边，同时也画上了猫的天敌，老鼠。沙发，是柔软的，包裹着身体的。但是，扩展金属却是金属网状的，本来是在生产现场使用的生产材料素材。超越想法、构思，感到从幽默的素描中好像传出了标准的现代爵士音乐"How High The Moon"。

我最喜欢的"How High The Moon"的演奏，是巴德·波尔（Bud Powell）。从以此为名字的椅子中，我并没有感觉听到了巴德·波尔那种轻快的旋律和速度。仓俣喜欢听的，从他的唱片库中可以找到。

他好像喜欢用管弦乐也就是所谓的大乐团来听爵士乐。听说在他的唱片库中确实有这个曲目的 LP 和 CD。这里面有贝西伯爵管弦乐队（LP）、Les Brown and His Band of Renown（LP）、斯坦·肯顿（Stan kenton）管弦乐队（CD）。其中，好像斯坦·肯顿是在设计了"How High The Moon"之后才买的。正好在这个年代，爵士乐从 LP 发展到了 CD，仓俣在确认"How High The Moon"的设计时，就选择了斯坦·肯顿。

仓俣把设计对象设计成沙发这一椅子形式，并且使用了拥有异质感的扩展金属来讲述形态化。而且，"How High The Moon"被称为 bepopper，使用了 1940 年代初期的名曲标准曲目为题名。

所以，我想解释一下间奏曲，通过对间奏曲的考察来理解仓俣的造形。

间奏曲是音乐用语。是意大利语"归 =ritorno"这一名词的派生词，吉尔·德勒兹和加塔利对此进行了深入的说明，这个词自由地将意义扩大了，音乐也发生了变化，使我们直面死亡，并且通过破坏、消灭危机又使我们体验到了重生。

孩子们拼命地消除了对黑暗的恐惧，嘴里哼唱着某个旋律。

这是对混沌的微弱抵抗，但这种抵抗却救了他们。在这个混沌之中的明确意境中，同构筑一个守护自己的空间联系起来。这是吉尔·德勒兹和加塔利的间奏轮的第二个理论。

吉尔·德勒兹和加塔利追加的说明是，比如，主妇在只有一个人的空间里做家务时打开音乐的行为，对于她忍受的混沌，这种行为就是在旋律和和谐中的自我防卫。

所以，扩展金属就是以剖面线关闭、打开金属丝的轮廓和空间。很明显，这并不是关闭沙发所占有的空间。

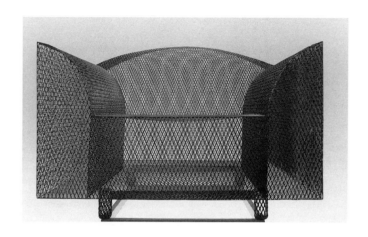

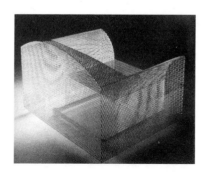

对仓俣来说，就像把老鼠画在素描中一样，像鸟笼和笼子一样的东西只是一个沙发的形态而已。确实，间奏是一个被围起来的空间，但也能感觉到将混沌的力压回内部和外部的那种秩序性。明明是沙发的形态，却是一种似有痛感的金属存在，这种存在性和"混乱＝混沌＋宇宙"这一存在相关联。

克利·保罗的造形论也已经指出了这种洞察。克利·保罗用"灰色的点"来表达。

即使没有点这个次元，并且也不可能判断位置所在的混沌，同时也能够通过命名为"灰色的点"来获得次元空间，尝试远心力优胜于重力这样的表现。虽然吉尔·德勒兹和加塔利很赞赏这一点，但中村雄二郎却指出这个解释缺乏说服力。中村指出加上灰色的性格应该说是在三原色（三声音）的循环（轮唱）这一前提下进行的。

因此，仓俣应该不是摸索到吉尔·德勒兹和加塔利的间奏论后设计"How High The Moon"的。

仓俣是这样一个设计师，通常使占有空间的存在漂浮起来、再脱离它、消除它，最后再使其消亡，但又不去除对"存在化"的欲望。

最初，是扩展金属这一素材出现在眼前了呢，还是通过设计想把沙发这一物体解体了呢？到底是哪一个呢？

我想着也就只有这两个线索了。

这只能是作为设计师的直观。

理论上造形可能已经诞生了，但基本上只是达到了宇宙的形态化，而能够给予感动的物品并没有将其具体化。比如，题名非常地风趣幽默，但是能使这个题名充分起来的存在感还没有出现。

为什么现代的室内装饰新作设计中无聊的作品呈扩大化的趋势呢？为了探讨这个问题，我们应该是这对仓俣的"How High The Moon"进行更深入、详细的探讨。

我想，在克利·保罗的"灰色的点"中发现的造形要点，在仓俣的"How High The Moon"中应该也能发现相同的重合。

在这一方法中，应该也可以把吉尔·德勒兹和加塔利的间奏曲论当作一种假设加到设计造形论中。或者，埃里克·萨蒂 (Erik Alfred Satie) 的"家具的音乐"也尝试着用音乐使空间室内装饰的性格重生。萨蒂应该也不知道间奏曲论，却注意到了间奏曲论。注意到了音乐也具有作为家具的性格。现代，环境这一语言也开始用在网络环境上。这个确实是启示现代的一种语言。

现代家具中最缺少的就是对存在动机的造形的消化。

"How High The Moon"的旋律感，并没有环绕着"How High The Moon"这把椅子。这把椅子应该是正在演奏着"How High The Moon"。结果，设计师就需要具有能够区分发出声音的是分子还是因素这种能力了。必须再一次向毕达哥拉斯、卢梭、达芬奇，以及仓俣学习音乐和造形的关系。

02 布兰奇椅子

田纳西·威廉斯写的《欲望号街车》是一部戏剧。在这一作品的开头，引用了哈特·克莱恩（Hart Crane）的原作《崩溃的塔》。

"布兰奇小姐"，成为了仓俣的宏伟遗作。我们需要结合以这个戏曲为基础的电影来讲述设计。

不是仓俣的设计而是设计的本质是什么，对"什么是设计"这一课题的回答是他的天分"回答"，因为我们掌握了这个"回答"，对数量少、作品、背景、著名设计、设计美学、以及同时代具有共时性的设计的"认识"就成了这一课题的"回答"了。

因此，尽量剥离仓俣那把椅子的神话性，在重新凝视中进行探索。

如果用木头来加工"布兰奇小姐"，也就是做成平衡感较好的造形，应该就会变成没有任何奇特处的椅子了。

但是，那是有一定厚度的透明丙烯酸。这种用丙烯酸仿造的玫瑰（人工玫瑰）被封印在里面进行装饰。据说，这个玫瑰是电影中布兰奇小姐裙子上的花样。我们可以试着来确认一下。在黑白电影的画面中，很难看出这个裙子的花样。我在不同的场合，看了好几遍这个电影都无法确认。

《欲望号街车》的意图在于，没落姐妹的相遇和新美国的粗犷相对比。最初，戏剧并没有用《欲望号街车》这一题名，而是从《月光中的布兰奇椅子》这个题名中改过来的。

布兰奇是没落的上流社会女子，她的妹妹斯黛拉的丈夫是劳动阶级，这一粗犷中包含了对抓住明天的美国进化的生命力。在这个对比中，纠葛和对立、现实和梦幻、现实和幻想达到了生和死的程度。布兰奇的生和性不得不踏上了欲望的街车。通过布兰奇的喊声，详尽地讲述了这一象征性的物语。

难道仓俣不也正是通过那把椅子把布兰奇的喊声像布兰奇的存在一样表现出来的吗？

不是玫瑰花的美而是玫瑰花散发出来的美中已经混同了生和死的美，在椅子上感到"死亡"的人正是能凭直觉就感到这种美的人。而且，封印在丙烯酸里的玫瑰，具有使尸体散发的美存在于世一般的美丽。

但是，被封印的玫瑰，因为被装饰化甚至都可以从中感觉到珍存了生命强度的能量。通过这种造型手法，我能感觉到精神错乱的仓俣的那种阴森恐怖的恐惧。

对仓俣来说，在他开始步入老年阶段的时候，在他的造形意识里可能已经有了忍耐这种阴影的自觉了。

但是，只有经验才能够运用足以颠覆这种情况的强力来打消这种阴影。即使这样，在这个阴影中，已经很明显能看到"死亡"了。

万一要是看不到，意识也已经在被"死亡"牵引着前进了。

再次回想那个时代的话，可以确定，在泡沫经济下的日本，用设计来隐蔽粗野的时代这一风潮无比盛行。

特别是仓俣的设计领域，强烈地体现了这一点，但是可以推测出来仓俣在这之后，也有很大的疑问和难耐。

"可能没有预想的效果……"对设计运动的势头提出了疑问，并且，椅子以《欲望号街车》为题材。市内街车，"欲望"和"坟场"这两辆街车通过皇家街道到达极乐世界。

设计唤醒了时代的欲望，并且具有遏制住这一发展势头的力量。

设计师正是被这种不自由所诅咒、束缚住的。仓俣，用"椅子"这一形态来比喻而不是象征这一情况，并将其造形化。

他用设计告诉我们，在欲望的尽头确实孕育着"死亡"。

《月光中的布兰奇椅子》这个题名被改成了《欲望号街车》，仓俣大概也知道这件事。

如果他不知道的话，那就只能认为从戏曲中想到主人公布兰奇的椅子这种力量就是对设计的启示了。

并且，布兰奇被玫瑰花象征化了。

仓俣在椅子构成要素中选择了玫瑰花，我不得不将其看成是死亡的象征。来自玫瑰的意象正是这种象征性。这可能是人类怀抱玫瑰花这种意象的基因。但是，我是决不想将玫瑰（死亡）这样的印象深深地刻在"布兰奇小姐的椅子"上的。倒不如说，从玫瑰、死亡、印象这一图示中，通过封印玫瑰花这一行为，将设计素材、想要给予素材感的仓俣的符号性当作设计手法引出来是非常重要的。

因为，玫瑰（rose）作为象征的意义性在历史上膨胀变大。玫瑰在神话、宗教、历史物语、童话、戏曲、诗以及音乐中都被当成符号使用。

被文学象征化的基础，恐怕是来自于神话世界的强化，但在某种意义上，在人类眼光的焦点（观察点）中，玫瑰花瓣的颜色和荆棘的对比唤醒了人们各种各样的意象。

在丙烯酸素材这一"透明物"中，想要在生活场景中再现好像什么东西漂浮着的感觉，这一动机在直喻的背后应该铸入了隐喻的符号性，从这样的素材制造中来形成产品目录，仓俣的这种劲头也变成了一种手法。

但是，比这个手法论更重要的是"布兰奇小姐"这把椅子的表现性。

本来，通过上下文关系，关于物品的言论可以检证被设计物品"具有的意义"和"被赋予的意义"。眼前放了一把椅子，"来，坐下来试试"，从这样的行为中可以确认出空间中确实放了把椅子。这一确认是指，如果是完美的设计出来的椅子，大概就可以把"这个设计师的表现意图是什么呢"作为椅子的同一性来考虑。

我认为，所谓同一性，哲学家中村雄二郎的解释是最容易明白的。

所谓同一性，关于同一性的一般解释就不用说了，但是这个同一性，特别是明确了作家名字的椅子中这一表现的同一性很明显会被问到。而且，还有一个同一性也很重要，"不可取代"的重要感。

对于设计师来说，设计的物品无论是什么，这个"不可取代"同时也是自己的同一性的"不可取代"。

有时候，对于建筑家和设计师来说，椅子就是证明自我存在的手段，是最适合的。

首先，就有这样一个问题，将空间中有椅子存在这一实在性作为形态、形式能造形化到什么程度。其次，椅子要具有"坐"这一功能性。功能性的"坐下来的心情"是同设计必须达到的设计同一性相联系的。特别是拥有、使用这把椅子的人同社会的关系，也就是用者在社会中站在什么样的立场这一社会构造，同一性就涉及到了同这样的社会构造的人和物的关系性和功能性。

实在性、功能性、构造性最终决定了椅子的同一性，这种决定性就变成了象征性。不仅关于椅子，而是关于被设计的物品或者同人类有关系性的所有物品，也有讲述存在于这一同一性、眼前的物品（观察点的物品）的构思。

但是，无论是拿出仓俣的哪部作品，仓俣也不想通过这个构思性和文脉性来讲述仓俣设计的物品。

这是为什么呢？

作为极端的回答，首先对于仓俣来说，很明显，他想通过透明性、浮游性来解释消除实在性、寻求再超越的意愿。其次，关于功能性，也可以考虑物品所发挥的作用、功能性。但是，可以说很少有将重心放在这一功能性上的作品。

将仓俣的作品放在观察点上进行观察的话，这种功能性和效能性在我眼中就完全消失了。应该说，消失的存在性是同不想其实际存在的意愿相等的。

用者，首先就是他自己。

所以，构造上设计师自己就是用者，从自己想要的物品中进行设计，就是制造适用于社会构造、将物品加入到社会构造性中的物品，也就是说，这种设计并不是依靠于商业连接性的行为。

我想，设计作为一种职能，其实并不想在商业的基础中唤醒欲望。

在商业的基础上，就完全否定了经常说的"作为附加值的设计"。

物品的同一性特别是"不可替代"这一存在感作为"象征性"，存在于我们生活周围，可以确信设计同生活的同一性是最重要的。如果这种确信能够进行商业运用的话，设计就没有不足之处了。设计的本质和商业的投资效果，如果能在设计的背后进行利润联动的话就太好了。设计师必须承认，表达不出这种同一性的设计也有无法进步的时候。

但是，这个"布兰奇小姐"，前些天苏富比拍卖行的拍卖会上得到了其应有的艺术品价值。这只不过是设计具有的表现力在艺术市场的构造中获得好评的一个小插曲而已。但是，可以说设计的本质证明了设计能够进入艺术市场。当然，能够达到这一价值的物品为数不多。为了达到这种价值，就必须包含"象征性"。特别是超越椅子的坐这一功能性的存在性，作为象征性的价值也就成为一种必然了。世界上的著名椅子作品中，因为存在某种内在的象征性，所以就出现了使其外在化的实在性。

03　点

现在，回到包豪斯时代的话很可能是一个时代错误。

我找出了包豪斯时代的教科书，这种手段可能也受到了很大的误解，我自身也充满了畏惧感。

但是，在信息科技的现代，重新看一下康定斯基的《点、线到面》，我的评价就是在造形这一认识立场上对未来的启示条理清楚。

首先，我想陈述的是完全可以给包豪斯这一设计原点更高的评价这一事实。关于作为造形要素，不，是造形元素的"点"，根据凌驾于数学定义之上的想象力进行的定义性具有其正当性。所谓根据想象力进行的定义性、点不是别的，而是这样的就是点，这正是论据的说服性。

也就是说，在数学上点没有大小，因此，当然也就没有"形体"。如果附加写上"点这一形体"是数学的根据，那么就应该也附加上"作为形态的点"就是艺术的根据。作为形体论的点和作为形态论的点之间的关系，迄今为止，基本上还没有进行跨学科论述的。能够进行这种论述的就只有设计领域了。这是因为，终于对点进行了视觉的认识，并且通过想象力试着将"点"展开，我也具有这样的想象力。

在这种手法上，我想援用一下计算机。

在计算机画面上，可以假定点的大小，并且可以假定给予形态。

在这个假定中，适合用康定斯基的"点"的定义性。通过这一适合性，三次元 CAD 可以通过诺依曼类型计算机来实现。具体来说，将计算机屏幕上的像素当成是点，有大小，形态就证实了康定斯基预测的"点最终是不限于正方形的形态"。

1983 年，仓俣用热衷的水磨石这一素材创作出了一系列作品。水磨石是仿造品的素材。用水泥将大理石、天然石、石灰岩的碎石凝固，研磨后加工成的人造石。第二次世界大战之后，作为大厦内的内装石材大受欢迎。原本是在种石大理石的碎石上加上颜料等用白色水泥凝固，称为水磨石。但是后来，不在拘泥于种石，将人造石全部都称为水磨石。御影石等也做了种石做成水磨石，并且御影石的代用品（拟石）也被称为水磨石。这些人造石可以说只不过是仿造品。虽然如此，除了当作地板使用之外，并没有其他应用。

仓俣将这种仿造品素材变成了一种新的素材。

并且，不止是地板，也用到了桌子上。

在白色水泥上"撒开的斑点"，就是那些带颜色的玻璃等的碎石。从墙壁到地板，还有桌子，这种手法与 Alicia 的白色瓷砖的系列作品尝试的手法相近。

但是，˝撒开的斑点·像点一样˝色彩变成了后现代造形语言˝星球和平计划˝的新素材。这种新素材的手法可以说正是已经落后于时代的水磨石。

与其说水磨石这一仿造品、复制品在仓俣的手里又复活了，倒不如说是用新手法复制了˝星球和平计划˝，之后，这种复制也一定会拥有广泛的魅力。

˝散开斑点˝的有色玻璃就是˝点˝。平面上的这些点，是证明 storm of sounds（风暴）的作品。

恰巧当时正是被评价为后现代的˝孟菲斯˝设计运动时期。对于˝孟菲斯˝属于后现代这一点，到现在还有很多异议。我并不认为仓俣是以后现代潮流为主体的。

虽然孟菲斯可能是呼唤设计革新性的催发剂，但甚至连˝孟菲斯˝的提倡者索特萨斯都绝对没有明确说出后现代这一设计运动。

即便对于我来说，˝孟菲斯˝也只是淫欲的、流行的设计现象的记忆。这是因为，将单纯的形态和色彩从功能主义和商业主义中解放出来的这种设计师的情绪活动。

其中，仓俣的˝星球和平计划˝从仿造品中解放出来，并且，通过引入模仿，也就是使用证明了负 1 乘以负 1 等于正 1 的素材而成了设计发明。

像˝点˝一样闪闪发光的各种有色玻璃，蕴藏着没有达到 storm of sounds 的静寂。1980 年代初期，仓俣为什么想要实现这种静寂呢？

就像"孟菲斯"一样，他在桌子上也加上了城市名。在"KYOTO"（京都）和"NARA"（奈良）这样的名称中，能够看到对"孟菲斯（MEMPHIS）"这样的音乐城市的喧噪的反逆心理。

据说，有一次，仓俣去聆听了演奏家基斯·加勒特的演奏。当时，演职员们都听呆了。

在基斯·加勒特的旋律中，在喧噪中也不乏静寂。在将肌肤的感觉身体化的时期和这个作品诞生的时期，我并不想去解释什么。

喧噪中不乏静寂，是指"散开"什么东西之后再来造访。

仓俣身体的感性，并不等同于聆听这一行为造形。如果是设计师，作为确信犯的训练，就会发狂一般地锻炼着自己身体的感性。

用日本文化中心地的地名将对确信犯的后现代主义的反逆阻止住、并掷还给对方。

水磨石这种拟石，用"星球和平计划"创作出拟态的空间，"撒开的点"打消了噪音，打消了犹如暴风雨一般的现代主义在被宣传时的 storm of sounds，难道不能做出以上评价吗？

比如，不把玻璃瓶称为形态，而定义为形体。这个玻璃瓶坏了的话，碎片就变成了作为形体的点一样的素材。在这个点的形体中，很明显作为碎片的形态是"不均匀的"。"不均匀的"碎片"被撒开"，就变成了"KYOTO"和"NARA"。这难道不是被计算到静寂程度的造形吗？

1970 年代，设计已经发展到了某种闭塞感的程度。"孟菲斯"的确就是打破这种闭塞感的设计运动。这就是意识到了 storm of sounds 的设计界的一个运动点。

仓俣作出的回答就是，用白色水泥将作为日本人的这种玉石混淆文化凝固、研磨，重新将美和静寂〝撒开〞，用这种点群创造出拟态的空间。

近来，以生态学设计的名号，素材的循环利用和根据这一循环使用素材的设计开始流行。

但是，在这种循环或者说再生化素材中不可能找到〝静寂〞这种美。

循环使用饮料包装素材制作的再生素材和使用这种素材制作的家具和书包等，有很多都是高雅但不乏噪音的素材和形态。再来看一下推脱之词的设计和化身为生态学设计的悲哀。只有生态学设计，才是后现代主义设计。〝孟菲斯运动〞的主宰者埃托·索特萨斯（Ettore Sottsass，意大利设计大师）就曾断言生态学设计是缺乏品性的设计。

生态学设计这— storm of sounds，是回归到〝点〞的素材元素的设计方法。

所谓这种方法的训练，就只有通过身体的反复，确认噪音中的静寂、静谧中的轰响这种相反的形态要素的意义性来实现了。

生态学设计之所以不具备说服性，可能是因为隐匿了设计师不想成为确信犯的缘故。

对于康定斯基的〝点〞的结论可以总结为以下两点。

来自内部的力量

……

点，就是从自身，也就是从自己的中心

向外扩散

所以，这种变化相对的减弱了点的中心紧张度

只不过得到了这样一个结果

来自外部的力量

不是点的内部，而是生于外部的其他力量

这样来考虑

……

点的中心紧张度眨眼间就被破坏了

点自身在失去生命的同时

从点里

新的存在就诞生了

……

是跟随自己固有的法则而生的存在

在"星球和平计划"这一素材中，"被撒开的"有色玻璃
这种"点"，跟随自己固有的法则就是指静寂，而不是 storm of
sounds。活生生的静寂美。

只有生态学设计才能作为后现代主义的形式，才能使本世纪末的设计运动持续下去，如果真的具有持续可能性的话，我提议，再一次将康定斯基的设计原论＂点＂的最终行为以及仓俣的这个素材当成兴趣点。

04　素材

独立的仓俣作品是从"抽屉（with Drawer）"开始。

这是想要实现对蕴含的"保密性"的从少年时代开始的想法。

将对保密性的憧憬确实地反映在作品的目的中，以此展现追求保密性的纯粹性。对设计中包含纯粹性的确信不正是仓俣所具有的吗？

所以，仓俣能够在无意识中表现了以"抽屉"为主题的各种艺术作品的不同。

并且，到了 1967 年，设计素材变成了丙烯酸树脂。绝对不能忽视了这种变化。

现在，素材，特别是对塑料环境的负荷问题等被大为宣扬。被称为环境激素的物质，一般都有六七十种，但根据我的调查，其他 143 种也应该被视为问题。仓俣就出生在这个完全不知情的开展设计活动的时代。

但是，我们已经不可能在那样的时代里进行设计和采用素材。

我们必须在环境和设计的和谐中进行设计。正因为如此，对于设计师来说，如何使〝素材〞和〝自己〞相结合、从哪里入手进行设计是一个重大的问题。

我想彻底地将仓俣的素材论作为物质论的丙烯酸、作为物性学的丙烯酸当作设计欲望的对象，当作对素材的质量和性能的控制进行重新定位。说物、物品、物体的时候，一定会涉及到物性、物质、物理这些分科学的严密性（精密科学），必须以此来进行设计。

当时，丙烯酸树脂是新素材，但是基本上还没有人对这种素材进行构思。之后，却成了表现仓俣的〝透明〞、〝透明性〞设计目的的代表性素材。

对于家具这一室内装饰的项目，因为透明素材、被称为有机玻璃的丙烯酸树脂，他才倾尽一生进行造形设计。不，正因为丙烯酸这种素材而完成了对美丽世界的创造。很明显丙烯酸和仓俣是伙伴。能遇到这样的素材，真是设计师的运气。

我们有必要对仓俣对丙烯酸一个一个地进行详细的研究。

从两个方面来说。

首先，作为素材，仓俣为什么会被丙烯酸所吸引呢？对素材有什么样的期待、如何将自己的想法寄托于素材呢？我想这大概就是对物性的想法。

而且，对于丙烯酸这样的透明物质，虽然确认了当时的粘合技术，但丙烯酸树脂能做到什么程度的作品、产品及商品呢？难道不

27

是通过设计来确认对技术的要求吗？这是同如何将对物质素材的期待和设计师自身进行控制相关联的。

其次，作为精密科学，我想谈一下丙烯酸树脂。

虽被称为＂有机玻璃＂，但却是α—甲基丙烯酸，是以丙烯酸或者甲基丙烯酸的酯为主要成分的树脂的总称。一般将甲基丙烯酸甲基树脂称为丙烯酸树脂。这种树脂无色透明，质地坚硬，耐候性能优良。特别是透明性在通常不知道的树脂中是最高的，并且因为折射率高，甚至发展成了光学材料，是强韧性和安全性都很优良的素材。着色通常被称为柚涂装，但这已经是快被遗忘的语言了。容易加工，是照明用、看板·广告用的材料。

对于仓俣来说，应该会产生将这种看板用素材的＂透明性＂应用在家具上这种单纯的想法。

现在，这种树脂的用途明显扩大。汽车和飞机玻璃、住宅和工厂的采光等自不必说，近年来，作为一种纤维被应用到了光通信和装饰上面，透镜和太阳镜的设计发明也在飞速进行中。

我想从科学方面进一步地来看一下丙烯酸树脂。因为我认为作为控制这种素材的设计师的见识，应该具备物性的认知。

甲基丙烯酸酯的根本聚合反应是素材的制造方法。座椅状是在两片玻璃板之间夹上触媒和单分子体进行粘合，也就是用＂浇铸聚合＂进行制造。如今，这已经成为建造大型水族馆所用的技术了。

无论多大的有机玻璃都可以制造，但搬运费用根据玻璃的大小决定。

成形品的单分子体放在水中使其悬浮，并使其聚合，也就是"悬浮聚合"（固体的微粒子在液体中分散的状态，也指其混合物），首先做成粒状体，然后压制成形或者射出成形，现在多种产品形状都可以完成。

对于当时的仓俣来说，问题就在于如何粘合板状的丙烯酸，这个粘着面能透明到什么程度，是设计的造形中最不缺少的项目。

为了提高产品特性，通常会将第二、第三成分一起进行聚合以改变品质。关于这一点，后来仓俣将技术开发的想法转达给了工程师。仓俣希望能发明出高于花瓶之上的"技术进步的想法"。

仓俣对丙烯酸的分析通过物性和物质的印象完成了。如果同技术工程师没有这种共有印象的话，也就没有之后的仓俣丙烯酸作品了。

"分析"之初，作为丙烯酸的原型作品，非"抽屉"莫属。只想向大家展示"抽屉"，所以将"抽屉"呈等差级数状的"悬浮在空中"。浮游的抽屉只有通过丙烯酸才能完成。

主体到底是哪个呢？是"抽屉"，还是支撑抽屉的"金字塔"呢？

等差级数大小不同，浮游在空中的抽屉在站立起来之后，"with Drawer"是完全不同的。在这个变化中，我觉得要表达的正是没有主体构造这一点。也就是说，这个有抽屉的家具虽然以抽屉为主体，却"消灭"了因抽屉功能性而进行构造的一般性。

如果不返回当时的时代，就很难涌现出这部作品问世时的感

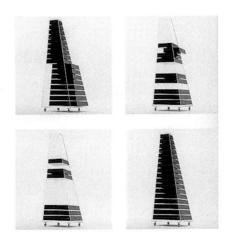

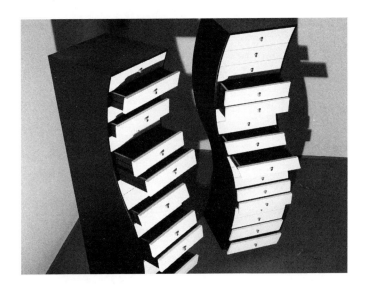

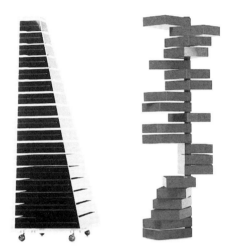

动。但是，仔细看的话，所有抽屉的大小是不同的。这就是抽屉这一单词的变换。呈等级差数状堆积起来，只强调这一点。他通过和丙烯酸的相遇，完全放弃了 with Drawers，将保密性的东西以等级数的模式展开。

我想，不得不成为作家的仓俣作品史正是源于此。堆积起来的抽屉，因为重力采取了竖直的结构。这一构成在制作的过程中，不断地重复着切割操作，将朴素降到最低。我想将这定义为负性化的建筑性。

但是，作品照片中，有几个抽屉被拉开了，也有几个抽屉没有拉开，多样化的堆积构成了这张作品照片。试图从迄今为止的家具照片范围中完美地脱颖而出。

所以，丙烯酸是被"消灭"的构造。

构造本来的意义是多种素材或者一种素材集合在一起产生增加化的效果。如果是这样，那么集中的造形就是理所当然的了。但是，为了消灭这种构造，于是使用了丙烯酸。

我想，这个时候，仓俣大概已经对木质家具绝望了。

常有人说，木材是活素材，所以比较温暖，对人类来说如果不用木材的话，就很难传达出家具的本质，我认真地思考着，世间应该没有这样的戏言。

这时，只用于看板的素材——丙烯酸被应用到了家具上。我想，这大概是某种〝词汇转换〞的造形语言的发现。

当具备拥有丙烯酸这种素材的能力时，仓俣的心中开始出现使〝保密性〞的抽屉悬浮在空中、使抽屉从重力的理性中解放出来的想法。因此，使家具的存在非存在化的控制、以家具制造本身的革新为目的就变成了仓俣的宣言了。

之后，这个作品在某种程度上成为了仓俣的代表抽屉之一。

我们已经习惯了丙烯酸这一素材的表现力了。并且，设计师也知道丙烯酸素材的表面容易被划伤。但是，与此相比，家具的存在和非存在相互碰撞，并深入到设计师自身精神的深处，这一点大概也被忘记了。

仓俣思考之后，马上进行了素材分析，使用丙烯酸树脂，再次确认了抽屉所蕴含的想象力。

运用设计上的超现实力量，仓俣将丙烯酸的〝透明性〞，以完全不同于玻璃的设计控制力展开了终其一生的设计活动。

现在，设计师在素材的选择上必须重新掌握同环境相融合的精密科学。这时，绝对不要忘记深入设计师自身精神的深处。

再一次提醒大家将这一点同仓俣的丙烯酸相结合的必要性。

05　坐·椅子

"Sedia Seduta" 是一把以 "坐 = Seduta，椅子 = Sedia" 为题名的造形椅子。"坐到椅子上的椅子"，是 1984 的作品。颜色上，使用的是从最远处看识别度也很高的 "黄色" 和 "黑色" 的对比色。

一般评论认为，从作品名称来看，融合了仓俣那调皮的想法，这一作品就成了某种玩世不恭的，或者具有模仿意味的造形。

我想说的是，这个评价有一个很大的错误。

更进一步地深入去读的话，不就能将作为设计手法的暗示转换成现代的设计手法了吗？我想试着对此作出解释。

在仓俣的作品中，椅子占据了绝大多数。在仓俣作为设计对象的 "椅子" 中，每一把椅子都饱含了精心、诚实的设计姿态。

对设计来说，诚实的表现通常会要求形态中的那些文体的、文彩的创意。应该包含在这个创意中的姿势和态度一定是对设计师的设计对象的执著。并且，一定也是作为设计师必须具备的社会形式。莫霍伊－纳吉（Moholy－Nagy）说，"设计是对社会的姿势和态度"。

仓俣的椅子可以分为两类，作为文体的"实存和功能"群和作为色彩的"构造和象征"群。

通过对椅子的功能性和象征性进行造形这一修辞手法，尝试将造形语言化的仓俣，将自己的词汇性和故事性当作主体，于是就设计出了椅子这一设计款式。作为主体，椅子是实实在在存在的，而身体和空间倒是次要的，或者他关注的是对椅子意义性的设计，大概也可以作出以上这样的评价。我们应该观察到了，偏差的身体和空间对于仓俣设计的椅子来说倒应该是附属的。

我想把词汇性和故事性作为"Sedia Seduta"的评价指标。

所谓词汇性，是指设计造形上的素材和加工以及制造手法通常会将革新的创意扩大化。并且，追求这一具体化的结果就是仓俣的创作作品——椅子。

达到的效果就是，在坐的功能和场合的关系上作为造形语言的词汇被存储了起来。这一存储扩大了。

而且，故事性是指，与身体和椅子的关系以及场合和椅子的关联性相比，更应该将椅子的世界或者世界的椅子，也就是由社会性和历史性上的概念进行配置的故事性象征化当成设计意图。

椅子的文体构成了椅子，将这一点假设为在身体论中解决了坐这一行为的素材和造形的函数的因数，那么，就像所谓的人类工学的语调在椅子的设计论中具有有效性一样，设计也被正当化了。

但是，在仓俣的椅子中，完全不可能看出造形函数的这一假设。对我来说，仓俣的椅子全都充满魅力，这个函数是看不到的。在设计中一定存在某种超越了人类工学和感性工学这一原理的东西。通过检证仓俣所有的椅子，猛然间，可能会因为椅子的设计论而看出设计工学，但是，我想跟仓俣学习椅子这一文体的构文法。

倒不如说，仓俣的椅子作为文彩的说书人，通过椅子这一具体的款式，诚实地传达出了物品设计的意义性，表现出了什么是设计的诚实、诚实的设计。"诚实的设计"是唯一能将作为"淳朴的善"的设计职能正当化的方法。结果，椅子这一物品就不再是对象，而变成了一种手段。危险的是，在无意识的状态中将物品日常化的时候，物品是手段还是对象呢？这就变成了人与物品关系上的重要一环了，这一点我们应该是了解的。现在，产品设计都被只有单纯表面意义的价值观消费了，并且几近废弃了，这是因为设计意图的意义和意义性变稀薄了。我们必须再次强调，设计师的作用就是用革新来打破这种状况。

通过修辞学造形语言的文体和文彩就能够猜出是产品还是手段了，我想把这一点当作是为了革新的一种线索。

很明显"Sedia Seduta"是文彩的椅子，也可以明确地说，这是类语反复的修辞学表现。但是，所谓的文学语言论就是必须要确认存在巨大差异这一点。

"Sedia Seduta"是意大利语的标题。这个意思就是，椅子 = "Sedia"，坐下 = "Seduta"这样的文体，形态是黄色的椅子，黑色的就像坐在沙发上一样。所谓坐在椅子上的椅子，通过将重叠

了椅子形态这一最小因子的反复造形化，这一最小因子结合椅子的造形词汇采用反复这一修辞创作出了"象征"这一存在感。

并不是语言（言语）感觉，而是实际存在的物品形状（形态）感觉，这一现实感并不能完全变成空论。

换言之，就能发现，作为对象要素，结合了两个造形词汇的这一方程式，变成了超越文体的文彩。在这个方程式中，没有任何的函数。

我感觉，这个发现给了设计手法一个造型语言修辞学的启示。

与作为物品的实际存在性和功能性相比，现代，物品转化成了能给予社会构造性和象征性的手段。

"Sedia Seduta"作为造形，椅子的基本形态椅子和沙发是相互排他的，在同身体的关系中，根据黄色这一色面的交叉，"Sedia Seduta"作为整体，收纳到包含在一把椅子中的形态里，使其还原到向来椅子这一同一性的意义。作为椅子，并没有变成奇形怪状的形态。作为造形形态的"Sedia Seduta"，色彩对比和均匀的总体美格外显眼。

引出审美性的手法中，类语反复这一修辞学的手法是从文学的文体创作到造型语言的形态创造都可以运用的手法论。并且，这就成了审美性、美学的创造手法了。

仓俣创作的"Sedia Seduta"证明了，与已经不是对象的坐这一身体性的关系相比，作为"构造的、象征的"手段的偏差，也就是椅子的形态是如何具有比身体性更具有社会性存在价值的。所以可以断定，没有必要同社会地位的相互意义性在同一水平上来谈论椅子。与坐在椅子上相比，"坐在椅子上的椅子"是说椅子是为了坐才有的家具（对象）是第一位的，与此相比，在有"Sedia Seduta"的空间中，坐就成了手段的第二位，仓俣就感觉到了这种偏差。在这种仓俣的逗乐、模仿的评论中，还没有言及设计所具有的本质。

黑色椅子和黄色椅子这两种要素的关系是相辅相成的，成功地给了见者和坐者以没有紧张感的接触感觉。

我明白，"Sedia Seduta"作为手段化的椅子，仓俣的设计意图作为一种信息发挥着文彩的、强有力的诉求性能。但是，作为椅子的综合造形并没有遗漏椅子的平常性。被造形的形态对于看到、使用某种偏差的人，会变成对象还是变成手段，对设计师来说，这就是他们今后的大课题了。

是作为对象的造形语言

还是作为手段的造形语言

这两者是设计师积蓄的词汇（造形）要素，从这一构文化、修辞化来看，这个造形要素是同文体的造形相联系的呢，还是同文彩的造形相联系的呢？

　　特别是，如果被设计造形的形态一定要表达某种信息的话，那么，设计师就有必要使用构筑自己文体的手法和为文彩化而使用设计造形的修辞学了。

　　与此相比，设计已经到了这样的时代，设计的造形语言中成为手段的物品被信息化，也就是作为信息设计的修辞学也被当成了设计手法。

　　无论是工业社会还是信息社会，为了设计而变成造形要素的修辞法，就像"Sedia Seduta"一样，如果能诚实地、仔细地考虑素材、色彩、均衡的话，我相信，设计的本质一定能表达出物品真实的美。

06 光架子

用牛奶将瞳孔湿润，试着惩罚自己的眼睛之后再来看东西，眼前会出现模糊的乳白色色彩。我想将这种乳白色光的色彩视作一种意象。

这里有这种意象的架板。

作为架板的构成，两枚嵌板呈直角站立，在之间放上数枚架板，如果是稍微懂点设计的人大概都能想到这种构成。漆的作品中，这类作品的数量很多。

"光架子"这一题名已经很显眼了，但是"架子"（陈列）只是在上面放东西的，是陈列台这样的物品。所以，当人们听到这个名字的时候，大概会感觉到"是发光的架子"以上的存在感。

设计师们喜欢的判断以及"这是怎么了"的人与人之间的距离、隔阂、隔绝，通过这个作品能够使其明确化。架板"必须使用均匀的光！"仓俣渴求的对每一枚架板的思路都超越了一般的水平。

设计师在自己的想象力中，素材必须是这样的，这种想法非常强烈。甚至可以说，不具备这种强烈想法的人是没有资格进行设计的。

架板发光这种表现是无的放矢。

模糊的乳白色光源扩散了"点"光源，形成了"面光源"。光源的二重性或者作为直光源的荧光灯的亮光从光纤扩散到面，扩散的光形成了"均匀"的"光线"。所以，放在架子上的物品，由于"发光面"，犹如失去了重力一般。

放置在这种架板上的物品，投射到了来自光面的"光"或者"光线"，就变成了反射、透光或者扩散、反照、"自发光"。

仓俣就是想看到这个样子。所以，我想他想展示出来的也是这个样子。

放置物品这一行为，使物品的存在丧失了重力。

通过室内装饰的存在和陈列品，在这个架子上再次确认物品的存在感和光具有什么样的关系，对着"观看一侧"窃窃私语。仅仅只是窃窃私语。

在这个架子上，被照射的物品真的是物品吗？陈列台以及放在上面的物品，一方面重视这些意义作用性，另一方面大概想变换成无意义性。

从陈列的根本上来考虑的话，否定了沐浴在聚光灯下的物品的"存在"。在模糊的灯光中，想要重新让人感觉到这是不是物品。

陈列在那里是不是在出售呢？

1978 年，光源是荧光灯。在扩散的胶片构成中，应该存在着不为人所知的努力和实验。荧光灯的温度应该也是问题。总之，面上遍布了仓俣所希望的一样的、均匀的光亮。

真的有美丽到这种程度的架板，大概正是这一点刺激了作为设计师的我的趣味性。

从正面来看，物品与并非一束光线的荧光灯相协调。背面嵌板的两枚折页线就像支撑着这个荧光灯一样。

让我们再考虑一下这个时代。

对于〝面光源〞，现在已经完成了用冷阴极放电管均匀照射液晶的技术。即使这样，也需要几枚使冷阴极放电管的光源均匀的胶片，以此为陈列、展示之用。照射液晶面的 LCD 变成了电脑画面，这是一个 LCD 泛滥的年代。对于一根荧光灯光源，被均匀照射的〝面〞变成了光源，是由设计、设计师走在了时代的前面将其展示出来的。

仓俣的很多作品被称为艺术，这也是其中一个。不，应该是艺术品。需要特别注意这个演说和解读。因为，这是同引入被设计物品的趣味判断相关联的。这样一来，设计的通常处于上位的艺术就会被目录（层次）化。设计和艺术的关系，在仓俣的作品中得到了详细的阐释，这可能是在艺术的积蓄中猛然间明白的。本书中会经常提及我的这种观点。

虽是〝光架子〞，但大概是陈列台，这是怎么回事？

阻止这种声音，并且写下功效说明。具有讽刺意味的是，我想大胆地将这种牵强附会的意义性说出来。

因为，即使是单纯的陈列台，也是从构思变成实际存在的，并且，即使是我的趣味性判断，因为这个"光架子"，从仓俣时代到下一时代的未来预感和变成二重光源的"面光源"的想象力就具有了"美感"（审美性）。

对于被设计的"光架子"本身的审美性和只有放在架子上才能确认的物体审美性（二重性），我想从意义性、非意义性、无意义性中寻求一般的解释。因为这样一来，就感觉终于走到了设计的艺术性有还是没有这一论题的入口了。

架子具有放东西这样的功用。是具有目的性的、极普通的、常有的形式。

也就是说，架子只是一种形式而不是形态。

这个架板呈三角形态，但在这个形态中不具备任何意义。作为形式的架板成了面光源……将面光源这一形态变为形式（设计）——关注设计的意义性。

给形式以光的设计

不给形式任何色彩的设计

给形式以光源功能的设计

被形式断定形态的设计

形式的存在是格外显眼的设计

知道形式的意义消失了的设计

也可以将以上分条写的意象当成单纯的趣味判断。换言之，就变成了使形态的造形回归到形式的想法。也存在不让人察觉的抹杀掉其意义性的构造思想。并且，形式的单纯架子造形，也只有变成光这种形态时才会产生革新性。可以判断出，在这种形式（形态）中存在设计的美。

让我们再次探讨一下架子这一形式。

在架子上放置物品。物品的放置方法、配置方式就是被解放的收纳。但是，架子并不像通过收纳那样进行分类行为。因为，这样会变成放置了物品的形式。架板以及作为其扩大的本架板等在造形之前，对形式的深思熟虑是设计的前提。

在仓俣的架子中，存在对这种形式的深入探究，但很明显也存在不主张这一点的谦虚性。正因如此，在单纯明快的质朴中蕴含着自然。回归到形式的形态和功能的关系，比如收纳和配置的物品，比如说家具和这个作品可能就是陈列台，但退一步说就会潜藏着意义性。并且，这个作品不可能在架板的面上都放了物品。完全没有了收纳这一意义性。只有架板面积中央的一部分放置了物品。即使进行分类，也只能在上下一枚一枚的架板上放置物品。这并不是在说达到分类程度的功能性和目的性。

并不存在作为架子的意义性。

甚至可以断言架子被设计成了无意义性。

但是，它在发光。

与其说发光，倒不如说只有照亮了放在上面的物品这一功能性才使只不过是形式的架子具有了意义。

但是，从这是怎么了这一印象中，表现出了非意义性的架子而达到了目的。

这个″光架子″上没有放置任何东西，即使是这种状态，这一存在应该也会充分地向我们自身询问某种意义。

但是，一般并不会到这个程度。因为只不过是个陈列台。这可能就是″形式″具有的表示作用。在这里能明确的感觉到形式和形态表示的意义性差异。

我想重新确认一下这个架子审美性的有无。

就是要确认一下这是不是″美丽的架子″。

仅仅通过架子这一形式，将没有任何加饰的意义归纳到现代设计的系谱中。针对于这个系谱的积极性没有得到承认的清爽性依然停留在我们的记忆中。这一印象，即使接受了我的强烈趣味性解释，也只有放在这个架子上的物品，才能通过反映趣味性而进行配置物品的选择，这一选择才会具有意义性。

并且，即使架子上不放置任何物品，我想架子本身的存在中也具有意义。

发着模糊的光……

07 抽屉

1967 年，仓俣发表了他的第一件家具设计作品，将"抽屉"应用到了架子、桌子、沙发上。

他的一生都对"抽屉"充满了兴趣，这一点大概可以通过巴什拉的"腹腔心理学"进行解释。为了对仓俣的作品进行分析，我感觉最大的线索不是记号学也不是心理学，而是诗学中的巴什拉著作。"腹腔心理学"是使用心理学进行换喻的诗学。

那么，仓俣的作品就可以追溯到 1965 年。作为自由设计师，开始独立，开始了同自身的正式对话，开始创作同日本时代状况相对应的活动成果。

当时，日本经济踏上了被称为"伊弉诺景气"的轨道，同时甲壳虫乐队也风靡全球，吸引了全世界的年轻人。从这时开始，全世界开始进入亚文化转向时尚文化的时代。成团一代（1971—1974年前后出生的"成团一代"的孩子们）的青春时代开始了。世界开始走向将奢华作为光芒、公害问题严重的社会阴影时代。

并且，这也是"室内装饰设计"（而不是室内装饰和店铺建筑）这一语言中蕴含着巨大的预兆和力量的时代。

仓俣可能并不是为了成为一个所谓的家具设计师，而是为了探寻真正的自我才走向独立的。并且因为这种想法，才率直地对"抽屉"产生了兴趣。

此后，无论何时他都没有停止过对"抽屉"形态的追求。对于这个动机，在大约十年以后他曾亲自做过解释。60 年代后半期的日本，建筑领域，并不存在妨碍架子、桌子和沙发唱主角所"代表的意思"和"被赋予的意义"的土壤。这个时代，只有少部分的人才知道存在于亚文化一角的"室内装饰设计"。

我们有必要以这个时代认识为背景来解读他的作品。在仓俣作品产生价值的瞬间，我想关注一下这个"抽屉"。

"抽屉"由抽斗、抽出这样的汉字来表示。抽屉、抽斗、抽出这一表现中，需要同日本家具·箪笥（柜橱，用于收存衣服、小工具等的箱型木质家具）的类别相对应起来看。但是，仓俣对抽屉的强烈想法却在物体名字由来之上。这就是孩子们的好奇心，在这个小箱子里究竟放了什么东西呢？

对于仓俣来说，具有整理物品、收纳功能的"抽屉"，没有任何的意义。但是，这并不是对功能性和效能性的完全否定，充分地包含了作为具有一定功能的道具这一基本事实。

从架子和桌子各部分的"抽屉"中也可以看出这一点。并且，试图表现出被去除了拘泥于纹理和材质的功能性。在家具设计师们被束缚的形态和功能，或者材质和构造的关系之上，作为仓俣独立且立即执行的心像反映，抽屉作为一种诗学表现，在功能性上具有重大的意义。我认为，这部作品是作为自由设计师的仓俣宣告被束缚的自己得到解放的宣言。为了解放自身，再一次引用了少年时代的"这个抽屉里究竟放了什么呢"的这种感觉，并将其蕴含在了架子、桌子和沙发上，只是"抽屉"。

仓俣的声音在他所有的抽屉中得到了重生。

仓俣的作品被称为原物体艺术，原因很简单。

形态和功能越单纯明快，形态和功能越无法消除材质和构造的影响，无法将他的记忆普遍化。这是因为将仓俣具有的事物反论性瞬间推到了我们面前。

可以将室内装饰称为"室内装修设计"，仓俣的出现加速了将画线称为原物体艺术的时代的发展。

他也曾经试图解释为什么建筑师只拘泥于好的建筑物质。电梯和自动扶梯的出现使台阶消失了。为了连接阶层和阶层，只是物质性地追求台阶的功能，在此基础上，我想重新归纳台阶存在的意义。瞬间获得这种设计姿态的设计师，作为职能家试图解放自己，在没有独立空间的时期，突然，仓俣将"抽屉"以诗学的表现形式在系列作品中展示出来。

也就是说，with Drawers原本的意思——抽屉，能够唤醒事物的反论性——"保密性印象"，仓俣将"抽屉"转换成了家具这一功能形式。

这些作品中，并没有出现因为木纹的存在而让人心安的套话。很遗憾仓俣家具的意义并没有给现代日本带来什么影响。木纹、木制这些自然材质对人充满柔情或者能够治愈人类的心灵等都只是戏言罢了。

让我们试着再来检证一次 1967 年所在的那个时代。

前一年，甲壳虫乐队来日本。第二年，源于巴黎的学生运动迅速波及全世界。我是成团一代（指第二次世界大战结束后数年间出现生育高峰时出生的一代人），当时正好 18 岁。回忆 30 多年前的事情着实有些吃力。但日本也确实得到了展示年轻人能量爆发的时代性机遇。开设了工作室的仓俣开始在专卖店、酒吧的室内设计上展开同建筑手法有一定距离的、彻底追求意义性的设计活动。仓俣的多数作品都在讲述″在设计中，无论何时都会遭遇记忆″。明确地说应该是″偶然想起″。

我认为，仅仅用″偶然想起″一定不足以表达事物的意义性。另外，苦想着″深思、深思″，也就是经过深思熟虑后成就的作品，但并不能单单因为这个就断言事物的意义性。在设计中，记忆可能是经过″偶然想起″净化的产物。这应该是能够唤醒设计师才能的东西。瞬间记忆大概并不是将放在″抽屉″中的物品拿出来展示给大家看。

我想他也不想再现装在仓俣少年时代记忆中的″抽屉″里的物品。

仓俣叙述到，没有任何的计划，″猛然间拉开抽屉，将现实中没有的东西放进抽屉",扑通扑通的心情不正是with Drawer 中的"诗学"吗？

福楼拜在《对作家生活的序文》中做过如下著述。

> 索福克勒斯之后，
>
> 大概人类还是刺青的未开化人，
>
> 大概就是这样。
>
> 但是，在艺术中，线正面光之外依然有某种存在。
>
> 样式的可塑性，并不是指获得整体思想……
>
> 大多数的事情，样式并不充分。

家具设计师出身的仓俣，"偶然想到"了"抽屉"这一形式的不充分。

"抽屉"这一形式绝不仅仅是像让·鲍德里亚的《物之体系》中所写的那样，分类、整理、收纳用的小箱子。

我认为，"抽屉"这一形式中包含了"保密、猛然的虚实性"，打开抽屉将这些展现出来，通过唤醒抱着以上希望的少年时代的记忆，在作品中表现出他那种独立生长的思想。

沙发 with Drawer 完成的时候，仓俣一定坐进了沙发里。这时，眼前出现的是架子？还是桌子？

仓俣曾这样说过：

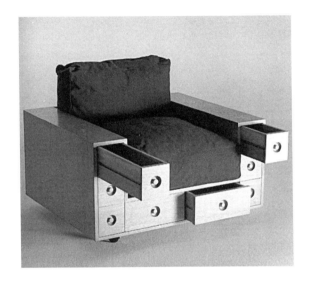

抽屉大概在选择要放进去的物品……

突然抽屉可能正在向人类要求着……

我也有同感。物品具有向人类提出要求的性能。当然，这种要求的程度和内容大概就是设计的职责。

不拘泥于架子、桌子和沙发样式的系列产品中，的确可以确认样式的可塑性。并且，为了满足 with Drawer 这一形式，带着物品向人类提出要球的这一反论性，仓俣通过这一系列作品，首先将自己解放出来。

三十年前这一系列作品 with Drawer 的"抽屉"中，应该会防止了某种"被保密的东西"。

独立的、意气风发的仓俣，想要促进具有时代性的、种类繁多的亚文化的产生。with Drawer 的一个个抽屉中装着的并不是仓俣记忆中的"抽屉"。

人，经常说这样的话。

"请做出自己脑中的'抽屉'"。

我想，抽屉中装入的难道不是这个时期呈现出来的未来吗？

将这个作为仓俣的第一个作品也未尝不可，with Drawer 中，仓俣还无法亲自观察事物，所以其中所承载的应该不是仓俣的未来。

但抽屉承载的真正是仓俣作为设计师的未来。只是，他自己没有看到。

　　所以，他就像在寻找自己的记忆一样，设计了很多个"抽屉"……

　　我想，打开仓俣的"抽屉"正是设计师这一职能家的义务。

08　伞架

对于设计来说，汇总设计造型形态所具有的问题就是功能和美。因为这就是设计的核心，也是本质的课题和问题。即便是将好的设计评论作为制度的国家所拥有的设计评论，首先第一义的询问就是"美吗"这一审美性，这一审美性变成了基准的判断。

即便这样，对设计师个人而言，这一询问质疑的设计问题，也具有犹如承重的重力一般的重量和解决问题时的困难。设计师的天职只能说是终身背负形态审美性和功能性的宿命。

至少，形态论和形态学无论在什么领域都是科学的？

这里有促成形态论和形态学的要因和要素，并且，在这种因果性中，美在功能上用着上手，而这种上手是任何设计线索的学理中都没有的。

开头引用的是色诺芬（古希腊作家、军人，苏格拉底的弟子）的《苏格拉底的缅怀》。作为一种思考，为了描述事物的形状——形态，就出现了关于历史原点的会话，这就是对什么是善、什么是

美的询问。对于这个询问，苏格拉底举出了各种例子，无论是善还是美，都不是事物本身决定的，而是在某种关系中，对善、美、恶、丑做出了应答。

1987 年，题为"Umbrella Stand"的作品面世了。完全像个伞架一样的二重表现，这种形态的美、这种神髓是怎么形成的呢？与其将表达简洁和存在感的给予思想称为形态论，倒不如称为形态学，也就是，将其作为设计造形形态学的基础来完成。

打比方说，在全世界搜集伞架，也找不到能超越这个伞架的形态和功能最匹配的美。

这一构思需要多少时间呢？

是经过数年时间收集渐渐成熟的构思呢？还是在一瞬间用素描描绘出形态的呢？

我想，在仓俣的心中发酵的某种思想在一瞬间迸发出来了。这是对有才能者的启示。

将话题再转回到歌德的形态学。在博物学中，形态学是从自然界的动植物形态出发的。同时，歌德将色彩学作为描绘形态的另一种学说提了出来。

形态学是从意味着白日梦的语言渐渐发展到形态这一语言学论的。在语源上，和吗啡同根，这种构思超越了眼前事物本身的即成形状。也就是说，不仅是促进作为眼睛看到的形状本身的形成，更要促进这个形状去引发其他事情，目的就在于科学地进行阐述。

因为歌德，包含了形态的形态学已经进化到了发生学和解剖学。对形态学这一明显的形态注目性，已经从病理生态学扩大到了生物学、数学、甚至是语言学。当然，甚至是艺术和文化论，形态学和形态论在各种领域扩大了议论范围。生物学上，汤姆森的《成长与形态》，恩斯特·克雷奇默的《体格和性格》中的病理形态学，量子力学中的埃尔温·薛定谔（奥地利理论物理学家）的《波动理论》，恩斯特·卡西尔的《象征形式的哲学》。

　　歌德提倡的形态学超越了牛顿的实证科学，并且抽象性和逻辑理论也超越了柏拉图，找出事物隐藏的真相这一意图也是真实的。

　　如果我想通过造形实例来说明、解释设计形态学，并且，想确立设计上的形态学理论的话，那这个造形实例就只有仓俣的"Umbrella Stand"了。

　　在视觉认知学上，将拿伞的手符号化这一形态可以完全表达这一存在的给予思想了。

　　放入了几把折叠着的伞的环形架子也是世间之物。托盘也只不过是被切成椭圆形的铁皮而已。

　　形态美和功能性被称为了用和美。并且，至少用和美是表达日本形态工艺的极致语言。

　　对于我，用和美在设计上具有很大的意义性。这些是标准的，但我并不是一定要通过用和美的融合、统合、统一等来追寻设计。倒不如说，与从用和美中解放出来的用着顺手的美相比，这种事物的存在所具有的意义就是所谓的形态存在感，只有在被这种存在感魅惑的以及崇高的象征性中，才具有美。这正是我想做出的判断。我断言，发现、实现这种美就是设计。

赫西奥德的《神统纪》中，死神塔纳托斯的兄弟睡神的儿子梦中出现了一个名字，这就是形态。形态表达的正是来自白昼现实的梦和睡相关的姿势和形状。

如果将伞这一极现实的物品收纳在伞架子里的话，就变成了，如何根据设计造形的基本来实现形态学理论化。伞被撑起来的形态，大概谁都能想出来。仅用来收纳伞的话，铁皮桶就足够了。

但是，必须发现存在的"Umbrella Stand"这一形态的意义。如果这能成为科学的造形学，那么设计形态学也就成立了。

恩斯特·卡西尔的《象征形式的哲学》中的分类条理清楚、易于明白。

首先，事物是什么呢？

从实际存在这一阶段开始，接下来事物怎么发挥其功能，并且事物的构造如何同社会构造相关联，最终，具有象征性存在感的形态论就成了这些问题最大的参考了。

其次，这个"Umbrella Stand"在当时广为流传的产品符号论，象征伞的潜在意义，就成了"Umbrella Stand"的视觉特色了。

结果，令人绝望的是，再也没有好的伞架了。遗憾的是，到了现在，还没有能超越"Umbrella Stand"的设计出现。无论怎样，我一直希望能创作出属于我自己的伞架，到现在，这个纠缠于"Umbrella Stand"的希望已经十年多了，并且一直在脑海中挥之不去。

现在，这个"Umbrella Stand"已经成为商品了，但对伞架，大众的审美意识已经完全停止了。与之相比，设计师只有通过对伞架的重新设计，来唤醒大众的感觉了。

我想设计的造形形态学必须能像吗啡一样煽动大众。必须在事物繁多、多样化的、膨大的体系中，将这个日常道具伞架的意义性寄托在生活的视线里，引领大众向着这种美好前进。

也就是说，如果用数学、病理学、语言学、文化论对各种科学领域的"形态学"进行因数分解的话，所有的都会遇上"形态的意义性"。

在这种意义上，我同意，把产品符号论中的象征性意义当成形态元素的设计形态论是一种正解。

德语中，对于新诞生的、与生俱来的事物，用"形成"这个词是有充足理由的。所以，如果想写个关于形态学的序的话，就不必提及关于用来表达被固定化的形态的"格式塔"了。即使使用了这一语言，在经验中瞬间固定理念和概念，也只是说明这种情况罢了。

歌德在评论格式塔心理学的同时，在形态学的序中，关于对形态这一语言的执著，歌德写下了上面那段话。

现代，为了对物品的设计、物品的形态进行造形，我想通过设计造形形态学来证明，物品在诉说着什么呢，对美的得心应手是如何寄托在形态的意义性之上的呢？

因此，仓俣在 1987 年作为产品语义学就能够解释的造形，是设计本质的一般解释而已。

虽然是"Umbrella Stand"般单纯的物品，但充满了存在感、诉求感的作品是设计史上一笔巨大的遗产。

应该也有不需要形态学和形态论的设计师。超越了这种学和论，形状就诞生了。只有具有了这种程度的自由才能进行设计。

但是，对此，我持否定意见。

因为，设计为了赋予物体的存在以意义，基础的造形形态学也是一种必然。因为我觉得，仓俣的这个"Umbrella Stand"不正是确确实实地证实了这一点吗？

09 橱柜

设计师这一职业既不是艺术家，也不是建筑家。

倒不如说，通过造型活动给生活以乐趣，我确信这也确实可以给生活带来乐趣。

所以如何将设计从应用艺术和建筑发展成自我进化，是同自我确认、趣味无限的设计·追求的同一性相关联的。

在很大程度上，设计史将一连串的文脉串联起来，这是由极少数的设计史学家们通过从美术史、建筑史、生活文化史、技术史等历史中编织出来的作品来完成的。

俄罗斯先锋派尝试了对手工艺品运动、德国工作联盟的事迹、包豪斯建筑造型学校、代·斯蒂尔、流线型、机械时代、民艺运动、摩登设计、后现代主义等的憧憬以及反面教师的反抗造型。

通过这一角度，在优秀的设计师们的创造活动中，在各种各样的造型中，通过微观宇宙的世界，能够确认设计史是一连串的连锁组成的。

　　我们需要去探讨一下为什么设计史上会有一个一个的设计师反复登场。

　　我判断，设计通常具有时代性，特别是随着经济潮流而涌动的。但对于设计师个人，设计史确实就像设计师的基因一样，对设计师的各种造型具有巨大的影响。

　　那么，我认为把眼光放在仓俣的工作中就能够看到这些形迹。

　　他，以非常率直的姿态亲自操作着设计史的基因。

　　通过〝敬意〞这一名称，确实能够展示出自己造型中采用的基因。

　　所谓敬意，是指带着对古人的敬意，将自己受到的影响再传给现代。只是，对于敬意，如果没有引用形状的话，就更谈不上借用了。如果采用了对理论的意义引用不恰当的语言，就有成为模仿的危险性。

　　他具备了将纯粹的造型以敬意这种形式进一步进行纯化的才能。仓俣拥有在这个手法上附加创造思想的力量。

　　这次就用〝对蒙德里安的敬意〞。

　　作为作品（物品），没有单纯到这种程度的造型形态。蒙德里安在画布上描绘的绘画有一定的深度。

　　这种深度，可以转换到家具上。画布就是这个家具的门。说在这个家具的门上装饰了蒙德里安的绘画也没什么不恰当的。

　　但是，我们必须重新考虑一下为什么我们会被家具〝具有的意义"和"被赋予的意义"所吸引。

我想在家具或者在探究蒙德里安的造型基因的透视图上放置三个消失点——变成零的点。

因为我期待着能通过这三个消失点立体化地观察追求平面绘画纯粹性的蒙德里安。

恐怕，仓俣是想把蒙德里安的色彩决定论和画面分割的间接性引用到自己的造型中。但是，大概没有如此深刻的对蒙德里安的理解了。大多是具有幽默气息的舒畅，在这种舒畅中，完全没有现代复杂、浑浊的重量感，但是这种舒畅感在敬意这种形式下，传达出了某种欲望和主张，这就是对设计象征性的重要性、为了装饰性而存在的色彩方法、从发表这个敬意的时代到未来的设计纯粹性的提议。

首先，在敬意这一形式中重合了作品主题这一消失点。

在我看来，这是对来自设计中的造型意义论基因的探究。

蒙德里安在包豪斯时代，就打出了新造型主义的大旗。这难道不是将对绘画纯粹性的追求从建筑中剥离出来了吗？但是，在包豪斯时代，即使想法能达到这个程度，作品的造型也达不到这个程度。包豪斯受到了政治批判，最终关停了学校，在这种思想教育的场合中，肯定发展不到自由进行造型活动的阶段。

深受斯蒂尔的影响而发表画作的李特费尔德，用单纯明快的色彩和颜色面构成，色彩浓重地表达了蒙德里安的影响。蒙德里安在欧洲自由生活的时候，终于创作了一篇又一篇的历史性代表作。

对于仓俣来说，他承认了这个分割手法以及单纯明确的颜色面能构成一般的自由。

第二个消失点就是色彩的决定论。

仓俣一生都在使用的色彩是什么颜色呢？

如果列出红、蓝、黑、黄色、绿色的话，就太轻微了。

话虽如此，即使是红这一个颜色，为了实现他想要的红色，在制作现场究竟要费多少力气呢？

"不是这个红，是这个红"……（有什么不同呢？不断传来工人们的质疑声）

我明白，因为在我自己的设计中决定色彩的时候，即使在现场，也有在色彩的决定上绝不让步的情况。设计师的任性在这个时候达到了极致。

这里，借用一下蒙德里安的话：

上了颜色的矩形面构成表现的是最深刻的现实性。

这是通过造型表现各种关系来达到的，

而不是由表现自然达到的。

虽然对所有的绘画都充满了期待，但只能通过不明了的方式表达

才能实现。

如果仓俣读到了这句话，他就可以通过充满敬意的家具来实现

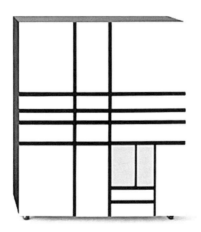

超越了。

也就是说，画布上描绘的彩色矩形只有正面性才是问题所在，蒙德里安断言，"彩色的二平面，不管是根据色彩的价值，还是根据平面的位置和大小，仅有造型的'均衡'关系，还不能表现'任何'的形态"。

但是，仓俣设计的对蒙德里安表示敬意的家具，在开门的时候，门开的程度就会破坏绘画的平面性。蒙德里安的彩色平面矩形通过门的开关，颜色发生变化。

我想将这称之为幽默气息，但像蒙德里安这样好像经过严密计算的色面分割曾被评价为禁欲的设计，但我认为具有象征性的直线、正方形、单色的颜色是绝对无法达到禁欲效果的。

我认为的第三个消失点就是，作为现代设计基础的包豪斯学派和斯蒂尔等绝对不是禁欲设计。

废止可能的装饰性这一形式，同禁欲是没有关联的。

同物品的形状存在感相比，单纯化、简朴化、简洁化同扩大使用者的自由相关联。

但很遗憾，在现代，生产和消费不能单纯地结合在一起。

从选定为了造物的素材开始，彩色的颜料和涂料的物性问题以及身体和环境就存在很深的关系，在这种关系中，造物以前各种各样的问题就已经浮现出来了。在这个必须在某个地方加入禁欲要素和要因的时代中，纯粹的造型就是我们活着的现实。

因为敬意，古人的造型已经化为"古物"了。设计师把这个"古"当作基因放在某个地方，也许有必要偶发地或者任意地将这个"古"展示出来。仓俣就是将敬意当成了这样的造型课题。

只有妨碍新物产生的时候旧物才会成为有害物。如果出现了新物，就相当于没有了旧物。在过去，很多种类的旧物都曾是"新物"。……但是，其本质上已经不再是新物了。

很明显，我们经过了世纪末期。

是否适合经历世纪末期，或者说抱着对现世纪的期待和梦想在等着一个什么样的新时代，我们都存在着这样的认识。

我们需要在这两种认识中选择一个。

即使这样，在我们之中，各种各样的基因根据决定自身的信息，必须在未确认的情况下流传下来。这时，在我们眼前，有没有通过探究设计史基因的家具而受到影响呢？设计师应该问一问自己。

我想，这并不是设计师的义务。

设计本质的纯粹性就是被印刻在设计史中的造型基因。

10　深夜中的厨房

　　1988 年，仓俣提出了名为〝Minuit〞的厨房系列产品单元。就在这一年，随着在东京、巴黎、米兰的巡回展，仓俣一下子获得了国际上的好评。

　　〝Minuit〞是使用法语来当作品标题。对设计师、艺术家、作家来说，作品标题必须能使表现意图易于理解、用语言表达出作品的存在、或者观念以及概念。我想重新考虑从〝Minuit〞这一厨房功能单元被系统化的作品中整理一下，对设计师来说的表现意图（设计意图）以及形态构成和目的概念。理由就是，我们已经步入了 21 世纪，必须为了 21 世纪而设计。即便是设计师混淆了设计意图和设计概念，但如果还会想起作为设计概念的一些词汇的话，我们就不能认为还会产生〝设计程序已经启动〞这样的错觉了。

　　首先，所谓〝意图〞，就是这个意义论，尤其是社会的职责，对于这样的表现意图设计师可能根本就不在乎。

开头引用的虽然只有两行，但足以把握将作者和作品联系起来的〝意图〞的距离感了。

但是，〝意图〞，是具有社会法律用语一样的严密性和需要负责任的行为和行动动机。我们必须认识到用行为证明这一点。也就是说，〝意图〞是法律原理和法律言论的术语，作为同诉讼和政治重要性相联系的用语，我们必须关注能够引出概念这一点。

〝design〞是盎格鲁－撒克逊系语言，对于其译文，现今为止，比较合适的是〝企划、计划、意匠、装饰、设计〞等。

特别是意匠，对于身为作者的设计师而言，所谓意匠的意图，应该是指设计师的表现欲望和提示社会的理由。但是，意图具有法律术语一般的严密性，基本上应该没有被大众所认识。倒不如说是，这是为了找出文学作品和艺术作品的意义论，应该从作者的问题意识出发的用语。因此，通过讲述设计意图，而成为被设计物品的证据，难道〝意图〞不正是这样一个不自觉被使用的用语吗？

在《现代批评理论》中，安纳贝尔·派特森试图从法律原理术语到文学、艺术分析来解释〝意图〞这一语言的意义论。

将作为语言解释论的派特森定义假说铭记在心，我想以仓俣作品〝Minuit〞的设计意图为例，重新写一下该如何对设计意图进行思考、如何使设计意图同作品处于相对位置。

仓俣的作品，大多数都是单功能的。

为了不被误解，我先说明一下，单功能是指表面上的语言用法，具有〝坐〞这个功能的就只有〝椅子〞。

　　"Minuit"是配置在厨房里,具备了从漫水功能(水龙头和水槽)到漫火功能、调理台和收纳以及照明的"系统"。

　　功能单元的要素被统合化了。这应该是一个具有厨房功能的系统产品。当然,从送水和排水、供气到电路配置都被一体化了的系统,读取这一形态的意图是同对这一系统形态的理解相联系的。至少,对这个意图的理解,应该是和围绕文学作品意图进行的争论和评价论是相同的。但是很遗憾,在设计领域,还残留着同业者之间的隔阂,那就是,称设计品是不是"作品"的价值观不同而存在的异议。我想用保留下来的说法来谴责那些异议树立者。

　　因为,只有有了设计意图,设计才会有社会存在价值。

　　这样一来,设计意图和被设计的物品才会是意图和作品的关系,我们相信只有这个作品是一种产品和商品这种看法才能使设计师的职能责任条例清楚、易于理解。

　　举例说明, "Minuit"是法语,是"深夜"的意思。作为系统厨房的单元名,如果是商品名的这个发音和深夜的话,所具有的意义就没什么重量感了。在作品的标题中,应该会有某种意义性蕴含其中。认为这是仓俣自身的言论(谈话)的顺序更为准确。

　　但是,我想问题在于,对设计意图和形态,以及对被系统化的形态设计的解释。

　　因为是作品,所以包含了成为姿势的理由。

　　作品和这个怀胎行为之间的隔阂,是一种绝对的存在。

　　最优秀的作家绝不允许自己赋予的意图之外的任何解释,他也是带着这样的想法进行创作的。

作品具有的唯一意图，是单一的效果、是贯彻全体的意义、是归拢到一起的主题。

如果主题就是作品标题的话，没有比"Minuit"（"深夜中的厨房"）这一标题更能叙说厨房功能性这一存在感和气氛的了。

试着想一下"深夜中的厨房"，存在于这种景象中的功能性形态在被使用的时候，应该会有一种超越现场之上的现实感。这种解释未免太过文学化了，但是从设计的本质上来考虑的话，功能物品的形态，不是在被使用的时候，而是为了引发人们使用欲望的一种存在感。

这是观念论的美学，为了调查作者的意图达到了哪种程度，不是在使用时也不是在有用时，而是为了使用才"使其存在"，这才是设计本质所在，我认为这样的观点才是正确的。

确实，这个作品被商品化了，而没有沦为一般的形态。在支柱上，必须安装水、火、电灯等能源的配管。微小说用中轴支柱将一切都系统化了，这一想法还不适用于仓促的创作。在1960年代后半期，系统这一概念就已经被作为以单元化、胶囊化等的要素形态为模型来进行创作了。

我之所以敢以"Minuit"作品为例讲述意图，就是因为我想再确认一下设计意图这一设计师的内面、精神的或者知的、文学的、美学的观念世界观，以及这一反映作为设计开花结果的重要性。

像斯蒂芬（詹姆斯·乔伊斯著《一个年轻艺术家的肖像》的主人公）一样，"美的意象是被怀上的"，是指，在"像火即将消失的石炭那样闪闪发光"这一瞬间——这正是浪漫主义观念论的美学——系统厨房这一多功能的系列在深夜这一意图中，我们能够看到在设计本质上的策划设计意图。这种"设计意图"应该如何存在，我想这一精密的回答应该是一个非常恰当的事例。

1988 年，对于仓俣来说，已经步入了晚年。

当时的他，大概还没有意识到这一点。如果是在偶然间想到要将系统厨房命名为"Minuit"的话，那么这就可能完全是他的才能在引领着他。

如果我们能充分地领悟到这一点，并彻底学习的话就太好了。

我不得不感觉到存在于设计师造形能力里的那种神秘性。

同年的作品还有一个洗脸台。标题是"Coup de Foudre（一见钟情）"，这是佛语中的一个熟语，我想在这种抽象性中恐怕也包含了设计意图。

对于设计主题，并不要求设计意图具有完全的决断规制和原理。但是，这并不意味着设计是可以随意创造的。

无论设计意图受到任何质疑，能表现设计概念的只有设计意图，也就是说，这种应答和回答可能不会成为无限循环的圆形议论。猛然间，无论主张、诉求设计或者设计师的这一职能如何具有社会重要性，却怎么也发挥不了效力的最大原因可能就是，设计师们没有共同拥有和积蓄构筑设计意图的手法。

难道设计意图没有轻视法律原理和裁定的结论这一重大的限制力吗？

为了理解将被系统化的厨房和深夜联系起来的形态，我想，还需要大量的评价和解说。

物品的存在是显在的还是隐蔽的，这是一种根据设计意图的形态化，可以断言，这是设计师精神的创造活动。

仓俣的"Minuit"是任意的还是偶发的，我们不得而知。

但是，设计师会把对设计物品的严密性、严密的创造意图传达给用户，与设计概念的形成相比，我主张将重心放在形态设计的意图之上。

在灵机一动就能将其形态化的物品中，进行好像从刚一开始就已经考虑这样做一样不在现场的制造，设计意图就是这样一种确信犯的行为。

即便是不在现场的制造，设计意图也能在提高对创造设计和评价设计这两方面的思考和洞察的质量，同时，丰富对设计的兴趣是同构筑文化论相联系的。

即便设计的措辞就是设计的意图也没有关系。

11　时钟

对设计师而言，〝时钟〞是一种配置了时钟功能单元的机器。

作为设计对象，它大概是简便设计的代表。如果是单纯进行设计的话，使用功能单元，即便是仅用绘画来表现〝文字盘〞，也能成为作品、能实现产品化、能成为商品。所以，如果再给予其立体形态的话，差不多就能够完成〝时钟的设计〞了。所以，作为设计课题给学设计的学生也是很好的选择。

但是，〝时钟〞、〝时刻〞、〝时间〞是测定眼睛看不见的〝时间经过〞和〝瞬时〞的测量器，是同能满足〝使用感〞和〝所有感〞的〝存在感〞相关联的。

我也设计了几个〝时钟〞系列。特别是，作为〝商品〞的〝时钟〞设计难度是比较高的。

因此，我们将重新从〝被设计的时钟〞〝时钟这一设计〞这个视点来重新把握仓俣的〝时钟〞。于是，用〝时钟〞这一形式表现出来的作为设计师的〝经验〞、〝时间〞和〝时刻〞、〝现实〞、甚至是"白日梦"的形迹（头绪），我们能够从这一形迹中找到仓俣风格。

从中能够看到一个设计师的造形感觉和根本的思维性深度。

1967 年，以"7 根针的时钟"为开端，仓俣的时钟设计开始了。

在这之前，我记着出现过作为作品的涂抹文字盘的时钟，但这可能仅仅是我的想象。在"7 根针的时钟"中，就像是象征着被时间穷追猛打的人类一样，时针和分针是一种睡醒的状态，只有时针数量被增多了。这个时钟想要表达什么样的意义，就不用解释了。

这个"7 根针的时钟"仅仅用针，挖掘出了时间和人或者说日常和行为。这是艺术的表现手法，可能是在设计范畴内的仓俣在某种意义上的探索。在这个"7 根针的时钟"中没有造形行为。"重新凝视时钟"并改变其样貌，将时针的意义引入到现实中来，并且，这也是对仓俣时钟的造形态度。

但是，因为当时明确的将艺术和设计分离的浪潮很强烈，所以在我的记忆中，作为设计师的设计行为，这个作品并没有被深思过。并且，应该也没有作为商品流通过。

70 年代，时钟的功能单元变成了工业产品。作为设计师个人作品的"时钟"这一产品被商品化的年代终于到来了。但是，得到许可的设计师在当时还只有几个人而已。并且，在只是时钟制造者品牌的壁挂钟中，开始出现设计师品牌了。1972 年，仓俣在"大

众的小型法式餐馆"里设计了只有 12 点位置重点和符号的象征时钟。并且，作为商品，仓俣设计了用被分针表示的刻度夹起来的艺术字分割出十二个时刻的"世界时钟"。进行比较，就会发现，仅仅使用文字盘和针的空间、素材以及涂装处理，就出现了完全不同的表现。在这个时代，用时刻、文字或仅用材质感进行表现的两个设计，作为商品是绝对不会获得成功的。

也可以说，正如文字一样，使用摩登设计的造形清爽地展示了时钟的形式。但是，基本上没有作家性质了。倒不如说，使用匿名的造形，将二十世纪的时钟"形状"只分成了两类并将其展示出来。

这两个时钟，彻底地追求了造形上的象征比例。圆形和文字盘的深度、时针和分针的形状和大小平衡、刻度的分隔和数字书体的大小等时针的基本造形要素都明确地找到了各自的决定值。

根据当时将 70 年代的摩登设计具体化的仓俣的手法，对"时钟"的超认真的造形态度在这个时钟中反映出来了。

所以，大约在十年后的 1981 年，最像仓俣的时钟造形终于实现了他的造形态度。

因为仓俣，制造者才将时钟设计当成商品，这种情形开始变得普遍，也正是因为这样的背景才能实现他的造形态度。

"WALL CLOCK 2082"是指，对"小型餐馆的时钟"进行提炼的形态，使用铝制框制作的具有八种类别的系列产品。"WALL CLOCK 2082"成了商品。文字盘是黑色和白色，秒针分为红和蓝两种。这八个类别，无论和什么样的空间都能协调起来，这一象征性在消除虽有墙壁存在但主要主张存在感的显在性上获得了成功。壁挂时钟，终于从属于制造者变成属于设计师的个性表现对象了。

室内装饰杂志上也开始出现这样的描述，如果某个空间里有一个壁挂时钟，同时这个壁挂时钟也表现设计师作家特性的话，那么这个空间里终于拥有了时间的流动。

把时钟挂在墙上的行为，和用画来装饰空间是完全不同的。从注意到这一点的时候开始，总觉得日本人终于能模模糊糊地看到室内装饰的方法了。

这个时代，我一直期待着什么时候我能用我自己的品牌将时钟系列商品化。

在墙上挂时钟，已经是室内设计装饰的基本做法了。所以，同这个时钟"被赋予了什么意图"相关联，这里就要求在什么地方凌驾在"时钟"造形之上的想法了。当然，作为单纯的造形，设计师就会对"有形状的时钟"或者"存在的程度"和"显在性和主张性"做出要求。

作为设计展的计划，如果画报领域是"广告画"的话，那么产品就已经进入了"时钟"这一常套的形式走向普遍化的时代了。

我沉痛地感觉到了仓俣是指被丙烯酸胶囊包装起来的"时间"的图像化设计。从 1981 年开始，仓俣将时钟作为原物体艺术，追求着彻底的象征性。"WALL CLOCK 2081"是 4 个系列，可以说这也是个名作。

这是因为"时钟"飘浮在宇宙中，或者，"时钟"虽然被包装起来但却使无法封印的"时间经过"浮现在了视野中，我们已经被这种尝试吸引了。

给人的印象，就像克洛诺斯神话一样，就像同 Chronos（时间）混淆了一样，"时间"吞噬了自己的一切，并用胶囊把这些全部封印起来。

但是，从 1984 年开始，仓俣选择了从封印"时钟"中解放出来的造形手法。

在"日南时钟展的时钟"中，在时钟上加上了"一圈花"。这是在时钟这一测定器上配置了自然，进一步表达了对"时间的经过"的渴求。在纯白色的正方形上只有针刻出了时间，再加上"一圈花"，都在诉说着时间的"经过"。并且，1986 年，就变成了只有时针、分针、自然物、"小树枝"了。所谓"Just in time"，是指被那个小树枝吸引的一"瞬间"。

在现代生活中，仓俣开始讲述自然和人造物的对置关系。"自然"用设计为展示"瞬间"创立了证据，没有枯朽的人造物大概就被赋予了这样的意图。

1986 年，还有一个时钟，在这个"5 根针的时钟"中，时钟这一形态已经消失了。蝴蝶和瓢虫在小小的纯白色画布上变成了镌刻时间的"像时钟一样的物"，仓俣使时间的概念从时钟这一形态中逃走了，还是仅仅使它变了个模样？

对仓俣来说，为了解放被"时钟"束缚的生命，没有时钟单元中心点的“5根针时钟”成为了最后的一个时钟设计。

“时钟”这个形态解体了。

“时刻”被镌刻了，而仓俣自身又是如何阻止这过程的呢？

这里，可以说设计也解体了。

仓俣大概已经开始到达某种境地了？

在眺望挂在墙上的“时钟”的“瞬间”，如何将眼中的景象表达出来呢，他选择了自然物作为造形元素。

如果仓俣信赖把握“时钟”的力度，那么，会在视觉上认识到“瞬间”的“配置”，大概会想凝视包含了认识到这一点的人和时间的对置关系的正体。

为了从推着自己的时间中重生，也就是为了放弃“时钟”这一已经制度化的形态，并不是迄今为止已经膨大的“时钟”形态，于是就用“像时钟的物”来达到如果“时钟”能瞬间明白就好了这样一个结论。

12　丘比特娃娃

1990 年，仓俣设计的玩偶曾被命名为"Amorino"。

他的作品是极其怪异的，作品照片也是通过 X 光片照射出的玩偶的机械装置。

"Amorino"是意大利语，是丘比娃娃、可爱玩偶的意思。并且，形态就是丘比特的样子。

1903 年，女画家萝丝·欧尼尔在美国的家庭杂志《COSMO-POLITAN》上将罗马神话中的恋爱之神描写成了吉祥物。头发尖尖的裸体婴儿玩偶，背上还有羽毛。1913 年，被做成了赛璐珞玩偶，而闻名世界。

日本从 1936 年开始进入日本赛璐珞玩具产业的全盛时期，这些花型商品甚至出口到欧美。这是因为，日本国内可以产出赛璐珞的主要原料——樟脑。当时，还处于发展中的日本产业界，也将其作为出口商品。可见，丘比娃娃从日本走向全世界也是一种必然。

仓俣，对丘比娃娃的造型没有做出什么贡献。却促进了"机械玩偶″的形成，这是毋庸置疑的。其特色就是羽毛可以动、挤眼睛、在底座上旋转、可以摇晃的那些装置。

这是他针对 ALCHIMIA（日本的一个时尚品牌）展览会主题″精灵″而进行的设计。

他在玩偶身上寄托了什么，为什么要把骨架的照片作为作品呢，在这里我会试着通过自己的想象进行探讨。

他脱离了他一直追求的摩登设计。之所以从″Amor″这个拉丁语转移到″Amorino″这个意大利语，原因还是可以推测出来的。对于仓俣那个年代来说，丘比特的存在大概就是指意识中精灵或者妖精的存在。

丘比特本来是指″Cupid″，是厄洛斯之一的象征 Cupid。希腊的厄洛斯被翻译成拉丁语 Cupid（丘比特）时，这个古代的赫西奥德大神就变身成了裸体、肩膀上长翅膀、随意射出恋爱之箭的淘气小孩了。

说到他的遗作，我觉得非″Amorino″莫属。

在机器渐渐盛行的时代里，对他来说，精灵大概是同对爱女的思念相重合的。

并且，为了抛弃他一直追求的完美非装饰性，就在厄洛斯的世界里选择了有淘气心的吉祥人偶。

这仅仅只是″选择性设计方法″。

我认为这是对其设计意图和设计的未来走向的暗示。即杜绝″机械玩偶″，不使用素描，而用 X 光片将其骨架化进行展示的

设计意图，不管作品被深入理解还是被夸大评价，都会有其未来的走向。

"太可爱了！"女学生们看到这个设计时，都发出了这样的感叹。

现在是流行电子宠物、手机上挂几个 Hello Kety 的时代。运动者奥特曼这样的影视主角唱主线，街头巷尾的年轻人的背包上都会挂上几个。仓俣可能已经预感到了现代社会中开始出现"数码族"。

人类和进化的机器之间存在深渊一般的隔阂。人类在和不断进步的机器之间的摩擦中，已经丧失了原有的安静。

对永无止境的技术进步的渴望，有时也像厄洛斯一样不断地诱惑着我们。但是，有的年轻人渴望在某处化解对技术和设计的不安感，发出"太可爱了"的感叹也在情理之中。

对于仓俣来说，丘比特玩偶代表的意思或者从乡愁中提取出的"可爱"又是什么呢？"精灵"选择了丘比特造型中的机械装置。

"爱淘气"的他，为了更清楚地表达在设计中加入可爱元素的必要性，尝试着使用了将丘比特骨架化的手法。

设计师要是不转型的话，随着社会经济达到顶峰，设计也必将走向崩溃，仓俣大概已经感觉到了这一点。这也可能有夸大的成分，但事实上我们也看到了 1990 年开始发生的变化。很遗憾，他并没有看到走向崩溃的日本。

人和事物之间，确实需要某种心灵寄托，但这种寄托并不是通过进步的尖端科学技术才能实现。需要这种寄托的媒体、影视角色和周刊杂志却无处不在。

所以设计师必须转型。

奥维德故事中，丘比特用黄金箭射向了阿波罗，使其拥有了爱情之心，而用铅箭射向了阿芙洛狄忒。于是，阿芙洛狄忒开始讨厌爱情。（注：古希腊神话中，被丘比特的金箭射中，会拥有爱情之心，而被丘比特的铅箭射中，就会拒绝爱情。）而被仓俣的丘比特之箭射中的我们，要怎么进行转型呢？我们必须自己来回答这个问题。

骨架化也包含了很深刻、很重大的意义。

我们必须明白吉祥人偶的单纯构造所具有的意义。设计师不能无视工艺技师提供的构造和装置。

若问为什么，因为丘比娃娃的传承和寓意中也有被忽视的成分，《马太福音》中，就是这么记述丘比特的。

古代，失明是对看了不允许看的东西的人和违备了誓言的人而进行的神罚。以盲人为主人公的神话和传说就源自于此。所以，故事开始向盲人能通过清澈的心灵感知真理、拥有预测未来的能力这个方向发展。

迄今为止，已经有数个关于仓俣的著作。但是，所有著作都漏掉了一点，那就是丘比娃娃人偶。

他想借这个人偶开始转型，这一点应该不仅仅是我的揣测。现在，在设计评论中不是经常出现具有时代特征的"太可爱了"、"好可爱啊"、"Kawaii"这样的评论语言吗？

果然，在丘比娃娃之后的作品中，对于设计，仓俣还没有告诉我们＂什么可爱＂就去世了。设计师们只能根据自己的判断来决定射向自己的那把箭的材质了。

　　也就是说，必须在丘比娃娃之前就找到自己的目标。如果深深迷恋设计的话，就必须有这个思想准备和决心。

13　透明玻璃

玻璃是易碎的，会变成碎片。

连被玻璃碎片刺到的苦痛都是给人以单纯印象的素材。

但是，透明的美应该是所有人的同感。

难道是因为想要破坏一个时代吗？难道不破坏一个时代就不能破解另一个新时代吗？看到年轻人这么喜欢这首歌曲，眼前便浮现出仓俣的玻璃系列作品。

即使现在，这个作品中透明的光辉依然在以"透明"的样子深深地撞击着人们的心灵。

不以"玻璃"为素材的"玻璃系列"包括 1976 年的椅子、架子、桌子。

追溯玻璃的历史，我们会知道玻璃是人类造物史上使人类拼命造物的苦心得以续写的代表性的素材。

仓俣的玻璃系列作品，在设计史上，可以和 1851 年在伦敦举

行的世博会上的"水晶宫"所用的建筑材料玻璃以及荷兰设计师吉瑞特·托马斯·里特维德设计的"红蓝椅"的素材相匹敌，也是一项发明。

他非常享受孩子们眼光中体现出来的存在感以及孩子们的反应。可以认为，正是通过孩子们的感性就是欢声这一评价的主轴确认了蕴含在自己作品中的幼儿体验。这些椅子、架子、桌子虽然材料上是物质的玻璃，但素材却是透明的、非存在的、无重感的无机物质。

只使用了 12 毫米厚的玻璃板和粘合剂。

正是因为仓俣一直担心"接缝"方法，当粘合素材这项技术得到确认的时候，仓俣才确认自己和"透明"正式相遇了。自己能够确认透明的自己时，大概也就将生命从重力的禁锢中解救出来了。

如果是这样，那么正如他的作品一样，他的生活应该也发生了重大的变化。在这里说这种话是没有任何意义的。倒不如说，素材和作家之间的关系使作家自身的造物姿态更加鲜明的时候，设计创造大概也就要成型了。

这个作品诞生时，仓俣在获得日本设计界肯定的基础上，在国外的设计界也受到了好评。即使这样，通过设计成果，他的利润（收入）应该没有得到大幅度提高。自己生活中所用家具都是自己设计，生活也非常朴素、节俭。

虽然是日本的著名设计师，但是这跟金钱的富足并没有什么关系，这一点非常适合这个时期的仓俣。可能也正因为这样，仓俣才能够不断地追求透明的无限魅力。

他的设计焦点中，主要的关键词就是＂透明＂。所以，设计对象的椅子就成了支持这一个又一个概念的要素了。

通过这个论述，关于仓俣的椅子，我想以我的眼光要写下来的东西太多了。大概就是通过他设计的椅子，日本人才能够了解椅子、谈论椅子，并且能够见证椅子设计的国际化。这么说是因为，对于日本人来说，＂椅子＂是外来物，在历史上不得不放弃在历史上谈论椅子的资格，这一意识成了民族的共同认识。我认为，日本设计界难道不存在这种自卑吗？

但是，这一点肯定没有错的。对于来自海外好评的误解，我们必须对其进行＂历史性＂的研究。

确实，对于日本人来说，＂椅子＂的确是外来物品。但是，椅子也绝不是源自西洋。所以，西洋的椅子历史悠远长久这一点是一个很大的错觉。现在，汉斯·维格纳不是也从中国的椅子来获得灵感吗？

对于仓俣来说，设计的姿态正是追求看不见的存在。

前面所说的＂透明＂还不够充分。但是，在他所有的作品中，无论何时都会存在能看到某种东西的透明装置。我们就会被这些装置所诱惑。

素材是玻璃这种直接联系的＂透明素材＂是非物质的无机固体，玻璃化并不是将熔融体结晶化，而是将熔融体冷却到固体状态。据说最近冷却速度足够快的物质已经全部实现玻璃化。无机物质中玻璃这个语言已经完全普及化了。

但是，仓俣自身所担心的〝接缝〞问题，因为玻璃接合中〝辐透粘合剂 100〞的面世一下子就得到了圆满的解决。

保持玻璃和玻璃结合面透明的粘合剂本身也是一种发明。将粘合力的轻度功能化的构想以及这种明快的形态，特别是通过这种粘合面来支撑椅子和身体的关系，难道不正是对物体和人相接合的提示吗？

粘着剂一定要具备两个特点。

首先，粘着剂要能粘合被粘合体。这也是必须具备的。

第二，粘着剂本身要能够防止变形和破坏。要求粘着剂必须具备这两个性质和功能。

也就是说，玻璃与玻璃材质虽然相同，但是不可能通过以粘着面的分子间力为接缝的粘着剂来固定的。这是因为玻璃的弹性和粘性、弹粘性很容易会被破坏掉。还没有能够通过玻璃和玻璃之间的接缝来破坏粘着剂和被粘物的界面、或者粘着、粘着剂内层（凝集）、粘着体的技术。而且，粘着剂进行粘合之后，还要完全保持透明的状态。关于粘着构造的详细情况，有必要通过粘着剂的流动性·乳液的关系进行把握。为了把这些原封不动地运用到设计概念中，就需要设计师的力量了。必须从存在于〝素材论〞和〝粘着论〞中的问题意识开始。

对仓俣来说，如此具有魅力的技术成果——粘着剂，大概也是对自己的某种启示。

将身体倚靠在无机质、看不见的素材、容易破碎的材料上，可能会出现身体漂浮的效果。

这也包含了对于足以安坐的椅子并使椅子的存在从非存在到再发现的这一目的。

对于想坐上去的人，对于看到它并且认为这是椅子而感到安心的人，通过给予他们一种椅子可能会坏掉的不安，将其逆转而提升至心安，我想这一定是仓俣的以破坏作为开端的创造姿态。孩子们发出〝看不到的椅子〞的欢呼声，对他来说这是何等的喜悦。这样高度的评价应该真的能够令他喜悦。

对大人来说，可能会〝这种玻璃椅子好恐怖……〞，但他应该也充分地认识到了这一点。

我们可以想象，这难道不是和吉瑞特·托马斯·里特维德发明〝红蓝椅〞的时代相同吗？但是，如今，依然能看到里特维德的椅子。

我确信，仓俣的〝看不见的椅子〞也一定能够流传下去。但愿能够获得批量生产。

〝辐透粘合剂100〞现在也更加进化了。

通过玻璃粘合而成的作品中展示出新的〝透明〞，仓俣对〝透明〞的理解更加深刻了。

这个作品完成的第二年，1977年，他说〝音色〞是他最喜欢的语言。

玻璃是可以吸收光的素材。对仓俣来说，并不是用物质的东西来当素材，而是将香气和光、风和记忆这样的无形的（无法触摸到的）东西运用到设计素材中，这一点也得到了不断的强化。

图书在版编目(CIP)数据

设计传奇：仓俣史朗的设计 ／（日）村下直著；刘明波译. —济南：山东画报出版社，2012.8
  ISBN 978-7-5474-0667-0

  Ⅰ.①设⋯ Ⅱ.①村⋯ ②刘⋯ Ⅲ.①工业设计－作品集－日本－现代
Ⅳ.①TB47

中国版本图书馆CIP数据核字 (2012) 第140111号

责任编辑 董明庆
装帧设计 宋晓明
主管部门 山东出版集团有限公司
出版发行 山东画报出版社
      社   址 济南市经九路胜利大街39号 邮编 250001
      电   话 总编室 (0531) 82098470
              市场部 (0531) 82098479 82098476(传真)
      网   址 http://www.hbcbs.com.cn
      电子信箱 hbcb@sdpress.com.cn
印   刷 山东临沂新华印刷物流集团
规   格 140毫米×203毫米
          3.25印张 16幅图 50千字
版   次 2012年8月第1版
印   次 2012年8月第1次印刷
定   价 18.00元